열두 달 꽃차이야기

발행일	2020년 3월 25일 초판1쇄 발행
지은이	송희자
펴낸이	이지영
진 행	최윤희
디자인	Design Bloom 이다혜, 김은별
도움주신 분들	박초이, 박소정
펴낸곳	도서출판 플로라
등 록	2010년 9월 10일 제 2010-24호
주 소	경기도 파주시 회동길 325-22
전 화	02.323.9850
팩 스	02.6008.2036
메 일	flowernews24@naver.com

ISBN 979-11- 90717-03-8

이 도서의 국립중앙도서관 출판예정도서목록(CIP)은 서지정보유통
지원시스템 홈페이지(http://seoji.nl.go.kr)와 국가자료종합목록
구축시스템(http://kolis-net.nl.go.kr)에서 이용하실 수 있습니다.
(CIP제어번호 : CIP2020011451)

열두 달
꽃차이야기

송희자 지음

플로라

목차

꽃이 좋아 시작했던 일, 살면서 사랑했던 일은 꽃을 따서 말리고 찌고 덖는 것이었다. 어떠한 목표를 이루기 위하여 하는 일이 아니라 어떻게 내가 좋아하는 꽃을 나눌 수 있을까를 생각하며 꽃을 대했다. 나아가 차를 마시며 나눌 수도 있겠지만, 생활 속에서 꽃을 먹을 수는 없을까를 생각하여 음식에 접목시키는 방법을 생각해냈다. 어떻게? 과연? 이란 단어들이 때론 나를 고민하게 했지만, 나의 살아가는 모습에 매료되어 꽃에 희망을 두고 꿈을 꾸고 미래를 설계하는 사람들에게 나의 것을 나누고 공유할 수 있기를 작게나마 바라는 마음으로 그 모든 고민의 과정과 결과를 책으로 엮고자 한다.

꽃은 밥에 넣어서 먹거나 김치, 샐러드나 나물, 떡 등 다양한 요리법에 활용된다. 다만 꽃도 '식품'이라는 점에서 야채를 전부 다 생으로 먹지 않듯 꽃도 마찬가지라는 얘기를 하고 싶다. 오늘은 고등어 반찬이 맛있고 내일은 굴밥이 맛있듯이 제철에 나는 꽃 또한 우리 생활의 리듬을 이끌어 주는 원동력이 될 수 있기에 꽃을 어떻게 활용할 것인가에 집중해볼 필요가 있다.

물론 선인들의 지혜를 엿보기 위해 과거 기록을 찾아 보지만, 꽃에 대한 기록은 그리 많지 않다. 따라서 이것을 먹었다 저것을 먹었다 단정 지을 수는 없지만, 늘 개발과 연구는 이루어져 왔다고 생각한다. 짧은 시기에 채취해야 한다는 특성 때문에 꽃이 가지고 있는 성질을 파악하기보다는 열매나 씨앗, 잎, 뿌리 부분에 대한 연구가 더 많이 되어왔다. 이 시대에 피는 꽃이라면 그 꽃으로 식탁을 화려하고 향기롭게 만드는 것은 분명 행복한 일이라고 믿기에, 기록이 없다면 만들고 있다면 그것을 발전시켜 이어나가는 정신이 필요하다.

향기 나는 식탁이 주는 행복이 언젠가 시대를 살아가는 이들에게 보편의 행복이 되기를 바란다.

누구에게 인정받기 위해서가 아니라, 그 자체만으로 신나고 재미있는 일을 함께 공유하고 나눈다면 기쁘지 않을 수 없다. 아무렴 내 몸이 조금 지치고 힘이 들지라도 나를 기억하고 꽃을 기억하는 그 누군가를 위해서라면 나는 기꺼이 오늘의 시간을 소비할 수 있을 것 같다.

꽃, 누구에게나 그저 아름답기만 한 것이 아니라 아름답기에 만인의 눈길을 받을 수 있으며 향기롭기에 발길을 멈추게 한다. 꽃과 함께하는 모든 이들이 12달을 건강하게 꽃처럼 아름답고 꽃차처럼 향기롭게 나누며 사는 삶이기를 기도한다.

꽃 잎 하나 파르르 떨며
터지듯 피어난다.
또르르 구르는 방울
인고의 터짐이 만들어내는 눈물이려나
이내 바람을 타고
춤추듯 흔들리는 향기는
보지 않아도 느낄 수 있는
꽃!
너의 매력이리라.

송 희 자

꽃의 정의

잎은 이른 봄 가장 먼저 싹을 틔운다. 그래서 잎은 생명의 탄생이라 말할 수 있다. 잎이 자라 하나의 전성기에 도달하면 생명체의 근원을 만나게 되는데 그것이 바로 '꽃'이다. 꽃은 잎과 열매의 중간기에서 가장 화려하고 아름답게 여러 가지의 향내를 내뿜는다. 꽃대가 솟아오르는 시기는 식물에 있어 가장 왕성한 에너지를 발하는 때로, 그 자체로 복합적인 영양덩어리인 동시에 이때의 꽃이란 식물의 자존심이 표현된 모습이며 자존심의 상징이다. 또한 독을 가장 많이 가지고 있는 시기이기도 하다.

꽃이 피어날 때 식물을 어떻게 관리하고 다루느냐에 따라 그 결과는 매우 달라진다. 사람에 비교한다면, 이 시기는 가장 곱고 아름다우며 왕성한 힘을 발산하는 20대라고 생각한다. 20대에 이성 간의 관계에서 어떤 모습으로 살아가느냐가 남녀의 관계에서부터 배우자의 만남과 올바른 결혼생활의 여부에 크게 영향을 미치는 것처럼 꽃의 관리에서도 마찬가지이다. 젊음의 20대에 만나는 사람들 모두가 좋다하여 이 사람 저 사람을 만나며 그들 모두와 사랑의 관계를 갖게 된다면 무엇보다도 육체적, 정신적 건강상에 많은 문제들이 생길 수 있지 않은가. 때에 따라서는 불치의 병에도 걸릴 수 있을 것이다. 꽃 이야기를 하면서 왜 이런 얘기를 하나 생뚱맞다 생각할지도 모르겠지만, 그것은 꽃이 피는 시기와 20대 사랑의 시기가 여러모로 비슷한 점이 많다는 인상을 지울 수 없기 때문이다.

꽃이라 하여 때를 가리지 않고 아무 때나 향기를 내뿜는다든지 또는 여러 가지 색을 띄워 아무 때나 벌과 나비를 찾아 들게 한다 하여 마냥 좋아할 것은 아니다. 제대로 된 시기에 벌이나 나비가 와주었을 때 비로소 수정이 되고 열매로 이어지는 것이 아니겠는가. 꽃에 벌과 나비가 온다 하여도 다 열매가 되는 것은 아니며, 설령 열매가 된다 하더라도 모두가 온전한 열매가 되는 것은 더욱 아니라 하겠다. 사람이 사랑을 한다 하여 그것이 다 결혼으로 이루어지는 것도 아니고, 결혼으로 이루어진다 해도 다 자식을 얻게 되는 것은 아니며 행복한 가정이 되는 것도 아니다. 때론 이혼가정도 있고, 때론 서로의 속을 썩여가며 그냥 사는 가정도 있을 것이다. 꽃으로 말한다면 적절한 시기에 벌과 나비가 날아들어 수정을 해주지 못한다든가 또는 꽃에 이물질이 들어간다면 겉은 멀쩡해도 속은 곪아서 벌레가 그득한 쓸모 없는 꽃이 되어 온전한 열매가 열릴 수 없게 된다. 또한 꽃이라 하여 모두가 꽃차로써 적합한 것은 더욱 아니다.

이렇듯 초목이 새로 소생할 때에는 잎도 중요하지만 사랑을 하고 아름다움을 펼칠 수 있는 꽃의 역할이 중요한 것이다. 그리고 그 꽃도 인간에게서 없어서는 안 될 정조 정신과 같은 것이 필요한 것이다. 꽃은 적당한 수분과 햇빛, 그리고 영양분이 주어졌을 때 가장 아름다운 향과 색을 발산하며 최종적으로 열매에 이르게 된다. 꽃이라 하여 다 꽃이라 할 수는 없는 이야기가 되겠다.

꽃은 태동부터 정상적으로 피어야지만 꽃차를 통해서 다시 피어날 수 있는 것이다. 이루지 못할 사랑을 이루기 위해 뜨거운 물에 한 몸 바쳐 찻잔 속에서 피우는 사랑의 꽃차와 같은 경우를 상상할 수 있으리라. 사람들 중에는 아가페적 사랑으로 사는 사람도 있고, 수녀가 되고 승려가 되어 스스로 남녀간의 사랑을 방어하며 사는 사람도 있듯이 찻잔 속의 꽃차를 보면 못다 이룬 사랑이야기를 보는 것 같다.

꽃차이야기는 여기에서 끝나지 않는다. 우리는 뜨거운 찻잔 속에서 못 이룬 사랑을 피워낸 꽃차가 꽃차로서의 의무를 다하고 나서 다른 열매가 튼튼히 자랄 수 있도록 자신이 거름이 되어주는 것을 발견할 수 있다. 이처럼 흔히 지나칠 수 있고 눈으로만 보아오던 꽃들에게도 사람이 사는 모습과 다를 게 없는 일생이 있다. 사람이든 꽃이든 살아가는 동안 모두 스스로를 가꾸어야 하고, 가꾼 것을 유지해야 하며, 때에 따라서는 좋은 향기가 날 수 있도록 사랑하는 마음으로 손질하고 다듬어줘야 아름다운 열매를 맺을 수 있는 것이다.

열두 달 꽃차이야기

찻잔에, 달마다 피는 꽃을 담아보았습니다.
발걸음 멈추시고 눈길 주시어 고운 모습 담아가세요.
찻잔 속의 꽃잎이 당신을 기다리며 미소 짓습니다.

1월　동백꽃차

동백, 그 아름다움을 담다

남녘의 붉은 바람 임의 빛이던가
못다한 사랑을 피우려 하네
옷고름 잡으며 수줍어하는
섬마을 처녀 같은 … 동백꽃차

동백꽃차

꽃이 주는 메시지

당신의 숨은 정열과 힘은 나의 생명입니다.

효능

토혈, 인후통에 좋고 지혈작용이 있다.

茶田 생각

아, 이미 그대는 와 계셨습니다. 내가 모르게, 찬바람인 줄 알았던 당신은 붉은빛을 만들어 내는 사랑이었습니다. 수줍게 고개 들어 웃어주는 모습에 그만 가슴이 뛰기 시작합니다. 그러다가 그리움 담고서 '툭'하고 떨어집니다. 내 마음 그곳에다 묻을 수밖에 없었습니다. 돌아오는 길에 하얀 눈이 앞을 가리며 내립니다. 묻어두고 온 마음을 덮고 있을 겁니다. 여수를 다녀오면서 이미 와버린 꽃들의 모습을 보다 보니 잠자고 있던 내 심장이 뛰고 있었습니다. 미안한 마음도 들고 반가운 마음도 들었다가 돌아서서 오는 길에 나의 눈길과 마음을 다 빼앗겨 버렸습니다. 하늘에서는 그 마음을 다 덮어버릴 듯 하얗게 눈이 내렸습니다. 그리고 따뜻한 방바닥에 누우니 세상을 얻은 듯 행복했습니다.

동백꽃은 처음부터 수증기에 쪄서 만들면 꽃의 색이 검붉게 변합니다. 그냥 말려서 사용하면 풋내가 나서 맛이 적습니다. 꽃봉오리째 따서 말립니다. 말린 다음 수증기에 약 15초 내외로 쪄서 보관합니다. 찻잔에 꽃봉오리 두 개를 넣고 끓는 물을 붓습니다. 노란 수술이 춤추듯 일어나며 마치 서로 사랑을 하듯이 입을 벌리고 있는 모습입니다. 그리움 가득 담긴 맛을 지닌 동백꽃차 한 잔 마시며 새해의 희망을 이야기해 봅시다.

동백꽃 설명서

동백꽃은 점액질이 많아 꽃받침을 빼고 말려야 빠르게 잘 마른다. 겹동백은 꽃잎을 떼어내어 사용하는 것이 좋다.

처음부터 꽃받침을 빼지 않고 말리다가 50% 건조 후에 빼고 말린다.

다 마른 것은 수증기에 30초 이내로 짧게 쪄준다. 이때 수증기가 머무르지 않게 뚜껑을 열고 흔들어주어야 한다.

꽃을 따로 포개서 이용하면 가운데에서 열이 발생하여 사진과 같이 익어버려 사용할 수 없게 된다.

마시는 법

1 200ml 다관에 꽃 1~2송이를 넣고 끓는 물을 부어 우려내어 마신다.
2 찻잔에 바로 띄워 마실 때에는 조금 큰 잔이 용이하다.
   꽃의 크기 때문에 1 송이가 많다면 반으로 쪼개어 사용해도 된다.

꽃을 이용하기 전
몇 가지 주의할 점

1 꽃에는 독이 있다?

모든 꽃은 식용으로 이용할 수 있다. 일반적으로 생화를 먹는다는 데서 오는 편견과 오해 때문에 꽃에는 독이 있다고 표현하지만 이것은 잘못된 생각으로, 꽃을 일반화 시키는데 걸림돌이 된다.

2 꽃은 말려서만 사용한다?

꽃은 종류에 따라 생화로 사용할 수 있는 꽃(아까시, 등꽃, 박태기, 골담초, 제비꽃 등)이 있는가 하면 일단 건조한 후에 사용하는 꽃(복숭아꽃, 해바라기, 장미꽃 등), 건조 후 충분히 우려내서 사용하는 꽃(국화, 차꽃, 매화 등)이 있다. 일반 식품인 벼와 비교해보자. 벼는 도정하여 생식을 해도 되지만 적당한 수분과 열이 만나 밥이 되면 몸 속에 부담 없이 흡수된다. 꽃도 마찬가지이다.

우리가 차로 마시는 꽃은 먼저 찌느냐 나중에 찌느냐도 중요하고, 어느 정도 찌는 냐도 한몫 한다. 꽃은 색과 향과 맛을 고루 갖추어야 하므로 어느 하나 소홀해서는 꽃의 매력을 백분 나타낼 수가 없다. 계절의 특성에 따라 꽃의 모양이나 맛도 달라지고, 그 구성에 따라 만드는 방법도 다르다. 그래서 꽃은 다 이용할 수 있다는 것을 알고 접근해야 한다.

3 꽃가루의 위험성 및 예방법

꽃가루는 꽃 영양의 핵이지만 독의 근원이며 알레르기를 유발하는 인자이다. 하지만 이런 점에서 배타적인 사고는 금물이다. 생 꽃가루는 때로는 피부발진이나 가려움증을 유발시키고 안구에 직접적으로 닿았을 때는 염증을 유발하는 경우도 있지만, 안전한 방법을 통해 먹는다면 최고의 식품이며 신의 선물이라고 할 수도 있다. 그러므로 생화를 이용할 때 혹은 꽃을 만졌을 때는 깨끗이 손을 씻거나 샤워를 하는 것이 바람직하다.

4 꽃을 먹는다, 꽃잎을 먹는다?

꽃을 사용함에 있어 통째로 쓰는 꽃과 꽃잎만 분리해서 쓰는 꽃을 알아야 한다. 꽃을 먹는다고 하면 모든 것을 통째로 먹을 수 있다고 생각할 수도 있다. 그러나 꽃과 꽃잎을 분리해서 쓰는 것이 더 좋다면 번거롭지만 그렇게 해야 한다. 즉, 꽃심이 두터운 것은 대부분 꽃잎과 분리해서 사용하는 것이 바람직하다. 그만큼 쓴맛이나 영양분, 즉 독이 함축되어진 부분이 많기 때문에 떼어내서 엷게 쓰는 것이 효율적이다. 이렇듯 간단하지만 꽃의 특성이나 성질 등을 잘 고려한다면 모두 다 사용할 수 있다.

꽃차를
제대로 즐기려면

꽃차의 효능이나 기능을 먼저 생각지 마세요. 꽃차에 대한 그릇된 문화가 만들어집니다. 있는 그대로를 즐기세요. 웃고 담소하는 가운데 꽃에 대한 아름다움이 살아납니다. 어디에 좋고 무엇에 주의를 해야 한다는 학문적인 표현은 학교에서나 직업을 삼는 사람들의 몫입니다. 그냥 보이는 그대로를 즐기는 것이 최고입니다.

① 꽃차를 찻잔에 넣고 팔팔 끓는 물을 부으세요.
② 피어나는 꽃을 바라보세요.
③ 향기가 오르는 아지랑이를 코로 가져가세요.
④ 찻잔을 들어 천천히 마시면 됩니다.
⑤ 그리고 음미하시면 됩니다.

2월 매화꽃차

황매화꽃차

매화, 추위 속 따듯함에 빠진다.

물안개 걷어내며, 툭 하고 피어나면
바다의 향기되어 온 몸을 휘감네
다가올 사랑… 매화꽃차

매화꽃차

꽃이 주는 메시지

성실한 당신에게 나의 진실된 마음을 드립니다.

효능

매화는 구연산, 사과산, 청산, 호박산, 시토스테롤(sitosterol), 아미그다린(amygdalin), 벤즈알데히드(benzaldehyde), 안식향산, 카페인 등을 향유하고 있어 갈증을 해소하고 숙취를 없애며 기침과 구토 증세를 다스린다. 특히 신경과민으로 가슴이 답답하고 목안에 이물질이 걸려 있는 것 같은 증상에 효과가 있다. 또한 마시면 머리가 맑아지고 피부가 매끄럽게 깨끗해져 기미·주근깨를 방지한다고 하였다. 또한 간을 편안하게 하며, 담(痰)을 삭이고, 뭉치고 막힌 것을 풀어준다. 마음의 안정을 도우며 머리와 눈을 맑게 하는 효능이 있는 약재로 오랫동안 쓰였다.

茶田 생각

　　소리없이 움직이는 땅속의 숨소리, 따뜻하게 부서지는 햇살, 그 안에서 두 팔 벌려 기지개 펼 수 있는 우리네 팔, 평온한 숨소리처럼 다가서는 봄의 전율 앞에 누구나 눈을 감고 느낀다. 붉은 기운을 가지고 아직 못다한 사랑에 가슴 절이며 피어나는 홍겹매의 사랑을 나는 기다린다. 두근거리는 가슴에 기대어 오늘 터질지 내일 터질지 모르는 꽃망울 앞에 가만히 서 있다. 다가올 사랑을 기대하며 1월이 계획이라면 2월은 희망이다. 희망을 이야기하며 곧 터질 홍겹매를 생각한다. 웃으며 얘기하고, 웃으며 일을 하고 웃으며 사랑을 하고, 웃으며 내일을 꿈꾸며 나눌 수 있는 2월을 만들어보자.

만드는 법 I

1　매화꽃을 따서 깨끗하게 손질한다.
2　손질한 매화꽃을 동량의 설탕에다 재운 뒤에 꿀을 덧입힌다.
3　15일 후면 사용할 수 있다.

　　　Tip　매화는 향이 강하고 향균 작용이 뛰어나 실온에 보관해도 괜찮다.

만드는 법 II

1　매화꽃을 따서 깨끗하게 손질한다.
2　그늘에서 잘 말린다.
3　잘 말린 매화꽃을 증기에 약 30초간 쪄서 다시 말린다.

만드는 법 III

1　매화꽃을 따서 깨끗하게 손질한다.
2　손질한 매화꽃을 비닐팩에 얇게 펴서 얼린다.
3　필요할 때마다 1~2송이씩 꺼내서 사용한다.

만드는 법 IV

1　매화꽃을 따서 깨끗하게 손질한다.
2　손질한 매화꽃을 간수를 뺀 소금에다 넣고 흔들어서 냉동실에 보관한다.

매화꽃 설명서

매화는 꽃 수술이 노랗게 유지되어 있을 때가 가장 좋다.

봉오리도 예쁘지만 맛은 핀 것보다 적다. 핀 꽃은 맛이 더 달콤하고 보기에도 예쁘다.

현장에서는 가지치기로 따거나 직접 솎아주기를 하여 꽃을 수집한다.

꽃을 얇게 펴서 말린 후 수증기에 15초에서 30초 내외로 찐다.

마시는 법

200ml 다관에 꽃봉오리 5개 내외, 찻잔에 꽃봉오리 2~3개를 넣고 끓는 물을 부어 약 1분 정도 우려내어 마신다.

Tip

일반매화나 청매는 산뜻한 맛이고, 홍겹매는 달콤함과 과일을 섞은 맛이 담백하면서도 감미롭게 나타난다.

황매화꽃차

효능

평(平)한 성미이다. 만성해수에 효과,
소화불량 해소, 이뇨효과가 있다

황매화꽃 설명서

1 황매화는 홑겹이나 겹이나 만드는 것은 동일하다.
2 만드는 법과 마시는 법은 일반 매화와 동일하다.

茶田 생각

　　예전 샘터에는 앵두나무 뒤이어 노란 황매화가 보
기 좋게 피어 있었습니다. 누구에게 보이려고 그리도 예
쁘고 탐스럽게 피었는지, 마치 노란 귤이 매달려 있는
듯 황홀하기까지 합니다. 나열하듯 피어있는 꽃이 샘으
로 물길러 오는 사람의 마음을 훔치려 핀 것은 아닐까
요? 오렌지 빛깔의 황매화, 이른 봄을 지나 봄이 정점을
칠 때쯤 피기 시작하여 봄이 끝날 때까지 피는 꽃. 달콤
함이 온 몸을 휘젓는 것 같습니다.

향

꽃의 향이 없었더라면 누가 꽃을 보고 아름답다고 했을까?

꽃에는 저마다의 향이 있었기에 사람들의 사랑을 독차지 한 것이라고 생각한다. 꽃에서 나는 향기는 자연이 준 최대의 선물이자 이 시대의 최고의 여유를 느낄 수 있는 사치의 정점이요, 사랑스런 대상일 수밖에 없다.

이 땅에서 향의 시발이라고 할 수 있는 것은 5000년 전쯤으로 거슬러 올라간다. 단군신화의 곰이 마늘과 쑥을 먹고 웅녀가 되었다는 기록이 있다. 우리 민족의 시조인 단군은 신단수란 나무 아래서 나라를 열었다. 여기서 신단수란 보통 자단(紫檀)이나 백단(白檀)등 향나무를 일컫는다. 이러한 내용처럼 향을 중시했던 것은 예로부터 계속 내려온 것이라 생각된다.

서양의 경우를 살펴보면 고대 클레오파트라는 수십 만 송이의 샤프란의 꽃 수술로 쿠션을 만들어 최대의 권력과 사치를 누렸으며, 당 현종의 비였던 양귀비는 각종 꽃의 향을 이용해 목욕을 하고 마심으로써 몸에서 향기로움을 피웠다고 전해진다.

우리나라가 향 수출국이 되었던 통일신라시대와 고려시대에는 향로라는 조직까지 생겨나고 조선시대에는 향 전담 병사까지 두어 활용한 예가 있다. 조상들은 차(茶)를 마실 때나 수묵화를 그릴 때에도 간혹 향을 피웠다. 여인네들은 창포를 이용해 머리를 감거나 향낭을 가지고 다니기도 했다.

그러나 무슨 이유에서인지 근세 우리나라에서는 이런 문화가 거의 멸절되다시피 하고 대신 서양의 화장품과 향수 또는 유럽의 허브티가 수입되어 우리의 식탁을 점령했다.

꽃에 있는 향이 우리 몸 속으로 들어가서 하는 작용은 이러하다. 좋은 향은 사람의 후각을 통해 느껴지는데 그것은 사람의 다른 어떤 감각 기관보다 예민하다. 즉 후각은 외부 영향에 대한 반응 속도가 매우 빠르고 인체에 미치는 영향도 크다. 입으로 음식을 섭취하기 전 향기는 후각을 자극하여 곧바로 뇌에 전달 되어 기억력이나 감정 상태를 조절하는 대뇌 변연계에 영향을 미친다. 변연계란 자율신경 조절, 후각, 감정, 욕구, 기억에 직접적으로 영향을 미치는 기능을 담당하는 부위이다. 우리 몸의 각 혈관을 타고 빠르게 전달되는 향은 현대인의 각종 스트레스나 압박감으로 인해 움츠러들었던 혈관을 서서히 이완시키며 평온을 되도록 도움을 준다. 평온을 찾은 우리 몸은 뇌 기능이 향상되고 기분이 전환되어 기쁨을 되찾는다.

꽃의 향이라 하여 다 이러한 것은 아니다. 밤의 향으로 회음제 역할을 하는 향이 있을 뿐 아니라(ex: 배꽃, 밤꽃 등) 뿜어 나오는 향은 달콤하지만 정작 남아있는 향은 없는 것도 있다. 또한 말리기 과정에는 썩 좋지 않은 향도 있다. 사람으로 말하면 겉모습만 요란하여 향락에 잠깐 취할 수 있는 사람이라 표현하면 맞겠다. (ex: 쥐똥나무꽃, 옥잠화, 라일락꽃 등) 살아있을 때는 기가 막힌 향으로 오지만 가공하면 없어진다는 뜻이다.

반대로 홍화꽃은 말리기 전 과정에서는 쾌쾌한 향 때문에 머리가 '띵'하기도 하다. 하지만 건조가 완성된 후에 차로서 거듭났을 때의 향은 실로 감탄사를 만들어 낼 만큼 향기롭다. 혀에 감기는 향도 깔끔하게 처리된 맛으로 탄생한다.

말리기 과정에서까지 감미롭고 달콤한 향도 있다. 살구꽃은 피어있을 때나 말릴 때에 모두 그 달콤함에 빠질 수 밖에 없고 매화향은 매혹적인 바다에 누운 것 같은 황홀감을 주기도 한다. 하루의 피곤함을 해바라기의 향으로 말끔히 날려 보낼 수도 있고, 두통에 국화를 우려 그 향을 마시고 차를 마시면 머리가 가벼워지는 것을 느낄 수 있다. 코가 막혀 숨쉬기가 불편할 때 박하나 목련꽃 향을 맡으면 코가 시원하게 뚫리는 것을 경험할 수 있다. 찔레꽃 향은 부드럽고 감미로워 사랑하고픈 마음이 들게 하며 장미의 향은 누구나 편하게 느낄 수 있는 향이다. 딸이 있는 집 뒤뜰에는 분꽃을 심어 여름철 땀냄새를 없애주고 저녁을 훼방 놓지 않도록 분향이 창가로 스며들게 하여 방을 늘 향기롭게 만들어준 예도 있다. 선비의 피리소리에 끌려 내려앉은 선녀의 옥비녀 속에서 향기가 흘러나오니 그의 이름은 옥잠화이다.

이렇듯 밖으로 풍겨 나오는 것이 있는가 하면 내면에 감춰진 것도 있고, 양의 식물 <낮에 피는 꽃>이 있는가 하면 음의 식물도 있다. 즉 낮에 주로 꽃이 되어 향을 일궈내는 원추리가 있다면 저녁이 되어야 향을 뿜어주는 옥잠화와 같은 꽃이 있는 것이다. 이처럼 '꽃과 향은 뗄래야 뗄 수 없는 관계'이고 사람은 꽃은 인연 불변의 법칙 하에 살아간다고 해야 하겠다. 꽃과 그 각각의 향에 많은 관심을 가지고 즐길 수 있다면 우리가 살고 있는 지금을 더 즐겁고 여유를 만끽하며 살 수 있는 지름길이 된다 하겠다.

3월 목련꽃차

산목련꽃차
자목련꽃차

목련, 수줍은 첫사랑의 추억

햇살 가득하고 아련할 때
첫사랑이 가슴속에서 피어나네
가슴속 추억… 목련꽃차

목련꽃차

꽃이 주는 메시지

영원한 사랑을 하는 당신, 잊지 말아주세요.

효능

따뜻하며 매운 성미이다. 주로 축농증, 코막힘, 두통에 좋고 혈압강하 작용이
있으며, 집중력 저하에 빠른 반응을 보인다. 코막힘, 감기로 인한 오한, 발열,
신경이 긴장되어 두통이 일어날 때 효과가 있다.

茶田 생각

잠시 잠들었던 추억이 가슴속에 살아 움직인다. 목련꽃차 한 잔 마실 때마다 일렁이는 물결에 심장은 뛴다.

만드는 법

1 막 개화한 목련꽃 봉오리를 따서 이물질을 깨끗이 손질한다.
2 물로 씻되 흐르는 물에 뒤집어 씻은 후 마른 행주로 조심스럽게 닦는다.
3 실온에서는 잘 변하므로 전기장판이나 온돌이 좋으나 온도 변화에 예민하므로 일정한 온도를 유지하는 것이 좋다.
4 말릴 때는 꽃을 뒤집어서 말리는 것이 열이 발산할 수 있어 잘 마른다.

마시는 법

300ml 다관에는 꽃봉오리 1개, 200ml 다관에는 꽃잎2~3개를 뜯어서 넣고 100℃의 물을 부어 30초 내외로 우려내어 마신다. 5번 이상 우려 마실 수 있다.

목련꽃 설명서

1

목련꽃차에는 막 피어나는 꽃이 가장 좋다.

2

숨구멍이 보이는 꽃이어야 향이나 맛이 그윽하다.

3 봉오리와 숨구멍이 보이는 꽃 비교

봉오리를 말리면 제대로
피지 못한다.

숨구멍이 생기면 말린
상태로도 찻잔에서 잘
피어난다.

4 따서 바로 못 만들 경우 혹은 만들다가 갈변할 경우에는 깨끗한 면보를 적신다음 꼭 짜서 면보에 꽃을
   싼 후에 (전기)보온밥통에 넣고 6시간 정도 온도 발효 시키면 건조도 잘되고 보관도 용이하며 맛도 독특
   해서 좋다. 버리지 않고 만들어서 활용하는 지혜를 발휘해야 한다.

산목련꽃차

만드는 법 I

1 꽃봉오리를 따서 겉표면을 면행주로 깨끗이 닦아낸다.
2 손가락 체온에도 검붉게 변할 수 있으므로 직접 체온이 닿는 것을 주의하고 면장갑이나 나무젓가락 등을 이용하여 손질한다.
3 온돌에서 말리면 잘 마르는데, 표면과 닿은 부분을 없애주는 것이 좋다. 방바닥 표면과 닿으면 수분이 고일 수 있기 때문이다.
4 잘 돌려가면서 말리면 따뜻한 온돌에서 3~4일이면 마른다.
5 백목련에 비해 꽃잎이 6장이므로 잘 마른다.
6 잘 마른 꽃봉오리는 밀폐용기에 담아 보관한다.

만드는 법 II

1   꽃봉오리의 잡티나 먼지를 깨끗이 닦아낸다.
2   꽃 무게의 동량의 설탕에 버무려 놓는다.
3   하루가 지나면 숨이 죽는데 그 위에다 꿀을 입힌다.
4   약 15일 후면 사용할 수 있다.
5   보관은 냉동보관하는 것이 좋다.

마시는 법

일반 목련과 마시는 법은 동일하지만, 말린 것보다는 절인 꽃이 향과 맛이 더 감미롭고 좋다.

자목련꽃차

효능

맵고 따뜻한 성미이다. 휘발성 정유, 플라보노이
드, 미네랄 등을 함유하여 두통, 혈압 강하, 각
종 비염 또는 축농증에 효과가 있으며, 정유성
분은 진통, 진정 작용이 있다.

茶田 생각

목련 중에서도 자목련은 붉은 듯 피어나는 자
태가 고귀함이 극에 달한다 하겠다. 백목련보다
조금 늦게 피어나고 자줏빛의 색이 못다한 사랑을
애달파 하는 것 같이 보여 자목련을 보고 있노라
면 마음이 쓰려온다.

뜨거운 사랑을 다하지 못한 이의 환생, 그 빛
또한 고결하면서도 단아한 모양을 하고 있다. 그
래서 자목련 피기를 그리도 고대하고 그리워했는
지도 모른다. 내 마음에 남은 사랑을 그 곳에 꽃
피우게 하기 위해.

물

——

맛있는 차는 물이 결정한다고 해도 과언이 아닐 정도로 물의 선택이 중요하다. 찻물의 좋은 조건은 미네랄 함량이 높고, 적당한 경도, 탄산가스, 산소가 많고 철, 망간 등이 적은 물이다. 수돗물은 염소 냄새가 강하기 때문에 5분 이상 충분히 끓인 후 한 김 나간 뒤에 사용하면 좋다. 이때 뚜껑을 열어놓고 끓여주면 더 좋다.

꽃차 우릴 때 물과 온도

꽃차는 뜨거운 물속에서 맛 성분을 우려내는 마실 거리이다. 따라서 물의 성질과 온도가 매우 중요하다. 꽃차는 위에서 원을 그리듯 물을 부어 주어야 꽃잎이 고루 적셔지고 피어날 수 있기 때문에 뜨거운 물로 중심을 잡고 시계방향으로 따르는 것이 포인트이다. 차는 90℃이상의 온도에서 우러나오는데 5분 이상 충분히 끓은 물을 한 김 나간 후 사용하면 된다. 100℃에서 끓이지 않고, 95℃에서 끓인 물에선 찻물이 우러나오지 않으므로 정수기의 물을 사용할 때 주의해야 한다. 이 때 꽃이 피어나지 못하므로 꽃의 성분도 우러나지 않는다.

봄

　그것은 '느낌'이다. 온 몸으로 와 닿는 느낌, 굳이 누군가 말하지 않아도 피부로 알아챌 수 있는 계절이 바로 봄이 아닌가 싶다.

　아침에 산에서 내려오는 물안개의 포근함, 햇살이 퍼지면 땅 꺼지는 소리, 물오르는 소리와 함께 아지랑이가 온 몸을 휘어 감는다. 잠시 넋을 놓고 있을 때 꽃들은 피어난다. 땅 속 깊은 곳에서부터 따뜻함을 끌어올려 하나 하나 꽃망울을 터뜨린다. 그래서 이른 봄에 피어나는 꽃들은 고혹적이면서 향기가 짙은 꽃이 많은가 보다.

　그래서인가. 향기의 바다에 누워있을 수 있는 시기, 마음껏 온갖 좋은 향에 취해 지낼 수 있는 계절이 봄이다. 매화는 뼛속 깊은 곳에서부터 나오는 향이라 하면, 살구는 달콤함에 빠져있는 입맞춤의 향이라 할 수 있고, 벚꽃의 화사함으로 배어 나오는 향은 봄바람의 잔치라고 할 수 있다. 향을 빼놓고 봄꽃을 논할 수는 없기에, 봄꽃을 한아름 안고 우리 곁으로 오는 봄이 그 자체로 '느낌'이고 '향'인 것만 같다.

　잿빛 하늘 아래 목련꽃 봉오리가 햇빛이 비추자 수줍은 듯 옷을 벗고 피어난다. 그러다가도 봄비 내리는 날 다시 고개를 떨구고 떨어져 버린다. 지고지순한 사랑을 생각하게 만드는 목련을 품은 봄은 내게 마구 글을 쓰고 싶게 만드는 계절이다. 동시에 작고 앙증맞은 제비꽃, 여리디 여린 진달래꽃, 화사하게 흐드러진 벚꽃 등이 있어 꽃차의 50%이상이 봄에 만들어지기에 온갖 꽃이 피어나는 봄을, 나는 가장 사랑한다.

4월 도화꽃차
살구꽃차
벚꽃차

도화, 봄의 소녀에게

울 언니 볼같이 볼그레한 복숭아꽃
바람타고 넘나드는 수줍은 미소
분홍빛 사랑을 위하여… 도화차

도화꽃차

꽃이 주는 메시지

마음속에서부터 존경하는 당신과 함께 합니다.

효능

도화차는 혈색을 좋게 하며, 배변효과가 탁월하다. 적당량을 섭취하면 장에 도움을 주어 장청소를 시켜주어 사랑을 받고 있다. 하지만 너무 많은 양을 마시면 설사를 할 수도 있기 때문에 반드시 본인의 체질에 맞춰 양을 가감하도록 해야 한다. 임산부는 가급적 피하는 것이 좋다.

茶田 생각

　　화사한 봄바람이 불면 복사꽃잎 흩날리는 모습에 두 볼이 발그레해진다. 분홍빛 꽃잎이 수줍은 소녀처럼 예쁘기만 한 복숭아꽃차는 여자에게 없어서는 안 될 귀한 꽃 중 대표적인 꽃이다. 일렁이는 가슴 위에 다소곳이 손을 대고 날리는 꽃잎을 맞으면 책 속, 영화 속의 주인공이 되는 듯하다.

도화꽃 설명서

1

복숭아꽃은 막 개화하기 전, 봉오리 상태의 꽃이나 당일 개화하여 수술이 수정되지 않아 노란색의 상태인 꽃이 가장 최상의 상태이다.

2

개화 2일차 이상이 되어 만개한 꽃, 수정이 끝나 수술이 분홍색이 된 꽃은 말리는 과정 중에 부스러지기 쉽다.

3　95% 이상 꽃에 벌레 알이 들어있다고 생각하고 반드시 살균처리를 해주어야 한다.
4　꽃봉오리를 얇게 펴서 전자렌지에 해동에서 한 번 데우기를 약 40초씩 3~4회 한다.
5　꽃을 솎아주면 열매가 크게 열린다. 때문에 훑듯이 따는 것이 아니라 솎아주듯 따는 것이 중요하다.

마시는 법

꽃봉오리 7~8송이를 찻잔에 담고 끓는 물을 부어 여러 번
우려내어 마신다.

Tip

많은 양을 마시면 설사를 일으킬 수 있다.

복숭아잎차 만드는 방법

1 복숭아꽃이 피는 4월에 꽃과 함께 빠져 나오는 새순을
   채취한다.
2 채취한 복숭아잎을 솥에다가 덖는다.
3 밀폐용기에 담아서 보관한다.

Tip

복숭아 잎은 목욕제로도 용이하다. 복숭아
잎을 팔팔 끓인 물을 목욕제로 사용하면
혈액순환과 피부미용에 좋다.

살구꽃차

효능

쓰고 따뜻하며 달고 향기로운 성미이다. 지방유, 단백질 및 각종 아미노산을 포함하여 해수, 천식을 치료하고 갈증 해소와 장이나 위에 열이 많아 생기는 변비에 효과가 있다. 지방유는 장관을 부드럽게 하여 배변효과가 있다.

茶田 생각

살구꽃은 달콤한 냄새가 울타리 너머 동구밖까지 흘러가는 향 많은 꽃이다. "꽃 반 벌 반"이라고 해야하나. 꽃에 손이 닿으려면 벌들이 먼저 내 손에 인사한다. 그래서 눈이 즐겁고 귀가 즐겁고 코가 즐겁다. 여린 꽃잎에 부서질 듯 하면서도 금방이라도 '톡'하고 터질 것 같은 연한 핑크빛의 살구꽃. 벌들만 좋아하는 것이 아니라 개미들 까지도 높은 나무 위로 꿀을 가지러 올라간다. 꽃 중에서는 만인의 사랑을 받는 아주 복이 많은 꽃이 아닌가 싶다.

만드는 법 I

1 살구꽃은 만지면 '툭. 툭. 툭.' 소리를 내며 분리되듯이 떨어진다.
2 꽃샘이 두텁기 때문에 말릴 때는 세심한 주의가 필요하다.
3 꽃봉오리째 깨끗이 손질 된 살구꽃은 3~4시간 수분을 없앤 뒤 수증기에 찐다.
4 채반에 얇게 펴서 말린다.
5 밀폐용기에 담아 보관한다.

만드는 법 II

1 꽃봉오리째 꽃을 손질해 놓는다.
2 꽃과 같은 분량의 설탕으로 겹겹이 재운다.
3 15일이 지나면 사용할 수 있으며, 단성분이 많기 때문에 티스푼으로 한 스푼이 적당하다.
4 오래 두고 사용하려면 냉동실에 보관하고 사용하는 것이 좋다.

마시는 법

찻잔에 티스푼 하나의 꽃봉오리를 넣고 끓는 물을 부어 우려내어 여러 번 마신다.

Tip

마실 때마다 꿀향이 입안을 적시기 때문에 갈증 해소에 특히 좋다.

벚꽃차

꽃이 주는 메시지

마음속에서부터 존경하는 당신과 함께합니다.

효능

기미, 주근깨, 검버섯 등 피부미용에 좋다. 또한 숙취에 이롭고 해수, 천식에
도 효과를 보인다.

茶田 생각

어릴 적 아버지의 손을 잡고 창경원 벚꽃 구경을 갔었습니다. 불빛에 부서지는 벚꽃은 신의 축복을 한 몸으로 받는 듯했습니다. 30여 년이 지나 아이들 학교 앞을 지날 때, 봄비가 소리 없이 내리는 날 벚꽃 잎이 하나씩 원을 그리며 피어나고 있었습니다. 고인 물 위에 떨어진 꽃잎과 그 위에 떨어지는 빗방울. 그 모습은 나의 마음을 차분하게 적시고도 남았습니다. 떨어지는 모습도 어쩜 저리 예쁠까. 예쁜 것은 떨어진 후에도 참 예쁘구나. 가던 차를 멈추고 넋을 놓고 바라보았던 기억이 납니다.

가까운 일본에서는 가장 화려하고 귀한 날 선보이는 차가 벚꽃차이며, 부부애를 확인시키는 꽃이기도 합니다. 날씨가 포근해지고 소풍가고 싶은 날 마음껏 화사함을 즐겨보세요.

만드는 법

1   벚꽃을 깨끗이 손질하고 설탕에 겹겹이 재운다.
2   하루쯤 지난 후 주둥이가 적은 병으로 옮긴 다음 위에 꿀을 입힌다.
3   15일 후면 사용할 수 있다.
4   실온에서는 발효될 수 있으므로 냉장 또는 냉동으로 보관하는 것이 가장 좋다.

마시는 법

꽃송이를 3~5개정도 찻잔에 담고 끓는 물을 부어
여러 번 우려내어 마신다.

벚꽃 설명서

1/3쯤 개화된 꽃봉오리를 따서 만드는데, 벚나무는 자르면 썩는 성질을 가지고 있기 때문에 꽃봉오리만 따는 것이 좋다.

그늘에서 70%이상 말린 다음 수증기에 찐다. 소금물(25%)에 염장을 했다가 사용하는 방법도 많이 쓰인다.

3 손으로 계속 따면 찐득한 것이 손에 묻기 때문에 장갑이나 쪽가위 등을 이용해서 따는 것이 좋다. 꽃이 찢어지거나 지저분해지지 않도록 가위를 물에 계속 씻어주고 깨끗한 장갑으로 여러 번 바꿔 가며 작업하는 것이 좋다.

겹벚꽃 손질

겹벚꽃차 완성

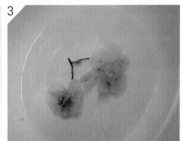

겹벚꽃차 우림

도구

____

1. 거름망
거름망이 있는 찻잔을 이용하면 간편하게 차를 마실 수 있다.

2. 포트
꽃차는 꽃이 되는 모습이나 우러나오는 모습을 직접 눈으로 확인 할 수 있는 투명한 것이 좋다.
보는 즐거움은 마시는 즐거움만큼 크다.

3. 거즈
꽃의 수술이 떨어져 지저분할 수 있는 꽃이나 꽃이 커 잘라서 만든 것은 꽃잎이 빠져나올 수 있다.
이럴 때는 거즈를 이용해서 티백처럼 이용하면 간편하다.

4. 집게
꽃은 찻수저 보다는 나무집게나 대나무집게를 이용해서 덜어내는 것이 좋다.

시간

시간은 포트 속에서 맛을 만들어 내고 보는 즐거움을 주기 때문에 매우 중요하다. 응축되었던 꽃들이 피어나면서 각각의 성분이 우러나오는데, 너무 시간이 짧으면 꽃이 피지 못하고 반대로 시간이 너무 길면 향이 강하고 진해진다든지 맛이 역해지고 쓴맛이 강해질 수 있다. 따라서 꽃의 종류의 따라 시간의 가감은 있겠지만 1분 내외가 적당하다. 꽃은 적고 얇은 것이면 약 40초, 크고 굵은 것이면 약 1분 정도가 적당하지만, 개인의 기호에 따라 가감을 하는 것이 바람직하다.

양

꽃차는 개인의 기호에 따라 다르겠지만 고유의 향과 색, 맛을 이끌어내려면 사용량을 지켜주는 것이 중요하다. 향이 강하고 작은 꽃은 소량(즉 1인분에 꽃봉오리 2~3송이)을 넣는 것이 기본이지만 일반적인 꽃들은 보통 가정에서 쓰는 티스푼으로 1 티스푼이면 적당하다. 꽃봉오리가 큰 것(해바라기꽃, 홍화꽃, 연꽃, 목련 등)은 1봉오리로 여러 사람이 3~5번 정도 우려먹을 수 있기에 5~6 등분으로 나누어 쓰는 것도 방법이다.

5월 장미꽃차

찔레꽃차

해당화차

장미, 싱그러운 장미의 힘을 너에게

내 마음을 태워 당신을 사랑하며
뜨거운 열기를 붉은 장미로 식히려네
사 랑 의 고 백 … 장 미 꽃 차

장미꽃차

꽃이 주는 메시지

사랑도 희망도 행복도 당신의 것이 되기를 바랍니다.

효능

장미꽃은 여름 열독으로 인한 토혈 갈증, 이질, 설사에 효과가 있다. 폴리페놀
과 비타민C 등 항산화 성분이 다량 함유되어 있어 혈액순환, 구강건강, 피부미
용, 신경안정, 피로회복 등에 좋다.

茶田 생각

사랑의 고백, 무궁한 번영, 화려한 진출 등 많은 뜻을 부여 받고 피어나는 꽃, 장미. 달콤한 5월의 키스처럼 다가서는 꽃이기도 하다. 우려내는 찻물의 온도와 함유성분에 따라 초록빛, 파란빛, 노란빛으로 마술을 부리기도 한다. 빨간 장미에서 어떻게 저런 마술이 있을까 하기도 하겠지만 보기만 해도 탐스럽고 예쁘다. 손에 넣으려면 콕 하고 찌르기도 하는 매력 만점의 꽃이다. 여름 낭만도 즐기고 건강도 챙긴다면 이것이 일석이조. 함께 즐겨보자.

만드는 법

1 장미는 미니장미나 엔젤장미처럼 작은 것이 좋다.
2 만개하기 바로 전에 채취하여 깨끗이 손질한다.
3 수증기에 40~50초간 3~4회 찐 뒤에 얇게 펴서 말린다.
4 말린 꽃은 전자렌지에 해동에서 40~50초간 2~3회 건조 시킨다.

마시는 법

장미꽃 1~2송이를 넣고 100℃의 물을 부어 우려내어 마신다.

Tip

물의 성분 중 나트륨의 성분이 많으면 찻물이 초록색으로 나온다.

장미꽃 설명서

1

봉오리째 따서 거꾸로 매달아 말리는 방법이 가장 좋지만 시간이 조금 오래 걸린다.

2

혹은 꽃잎을 떼어내어 그대로 얇게 펴서 통풍이 잘되는 그늘에서 말린다. 그러나 꽃의 정수를 버리는 것은 바람직하지 않다고 생각한다.

3 꽃심은 별처럼 생겼는데 수술이 붙어있는 상태로 물을 끓여 수증기가 올라오면 그 위에다 쪄낸다. 2~3회 반복해서 찌는데 한 번 찐 후에 식혔다가 다시 찐다. 시간은 40초 전후가 적당하다. 찐 후에 얇게 펴서 그늘에서 말린다.

여름꽃차는?

　　태양 빛이 점점 강해지는 때라 꽃의 색깔이 짙어지고 두꺼워지며, 꽃의 크기도 커지는 꽃이 많다.

　　태양 빛을 피해 밤이 되면 피는 달맞이꽃이나 분꽃은 더운 열기를 향으로 바꾸는 밤의 여신 같은 꽃이다. 더운 여름날 찬 음식을 찾다 보면 속이 너무 차가워져서 탈이 나는 경우가 있는데, 이때 장미, 해바라기, 일당귀, 홍화 등 여름의 대표적인 꽃들은 건강한 여름날을 만들어줄 수 있다. 장미나 해바라기는 열로 인한 병으로부터 예방하고 보호해주므로 한여름에 꼭 마셔야 하는 꽃차이고, 일당귀와 홍화는 차가운 음식으로 차가워진 속을 따뜻하게 다스려주어 자칫 빼앗기기 쉬운 영양과 수분을 공급해주고 보호해 주는 효자꽃이라 할 수 있다.

　　여름날 피는 꽃으로 행복해지자. 별 보며 달 보며 아름다운 추억의 시간을 만들어보자.

Tip

따뜻하게 마시는 것이 싫다면 조금 진하게 우린 다음 얼음에다 부어서 차갑게 마셔도 좋다.

찔레꽃차

효능

갈증해소, 이뇨작용에 효과가 크다.

茶田 생각

    하얀 꽃 찔레꽃, 순결한 꽃 찔레꽃으로 시작하는 장사익의 '찔레꽃'. 이 노래를 들으며 슬픔의 눈물을 삼키고 인내의 시간을 지냈다. 나를 꽃차의 세계로 빠져들게 한 결정적인 꽃이 찔레꽃이기도 하다. 한국 토종장미 찔레꽃은 지금도 내 마음을 설레게 한다. 순수한 시골소녀의 해맑은 웃음들이 타이틀로 따라다니게 되었으니 찔레꽃이 내게 가져다 준 선물은 크다. 찔레꽃 중에 빨간 찔레꽃이 있다. 드물지만 노란색, 분홍색 등 다양한 색이 있다. 우리는 흔히 찔레꽃은 하얗다고만 생각한다. 하얗게 부서지는 꽃……. 찔레꽃은 이른 새벽 동이 트기 시작하면 따기 시작한다. 촉촉이 젖은 입술처럼 그 향기도 대단하다. 한참을 따다보면 옷이 흠뻑 젖는다. 그 순간 희열과 전율이 지나친다. 나를 행복감으로 감싸 안을 때 햇빛은 강하게 내리쬐고 이내 꽃잎 끝이 힘을 잃어간다. 5월 마음의 풍요를 누리고 싶을 때 찔레꽃 향으로 들어가 보자.

만드는 법

1 찔레꽃은 꽃심에 꿀이 많아 진딧물이 유난히 많기 때문에 진딧물에 유의하며 손질한다.

2 바구니에 얇게 펴서 햇빛에 약 2~3시간 펼쳐놓는다.

> Tip 직사광선은 되도록 피해 진딧물이 기어나올 수 있게 펼쳐놓는다.

3 진딧물이 없어지면 그늘에서 약 70% 건조시킨 후 수증기에 찐다.

> Tip 처음부터 찌면 곤충이나 진딧물이 남아있을 수 있다. 말린 후 찌면 진딧물의 살균 및 수분조절의 효과를 얻을 수 있다.

4 다 말린 꽃은 냉동보관하거나 흐르는 물에 씻어 설탕에다 하루 재운 뒤, 입구가 작은 병에 담아 위에 꿀을 덧입혀준다.

마시는 법

200ml 다관에 꽃봉오리 1티스푼을 넣고 끓는 물을 우려내어 마신다.

찔레꽃 설명서

1 찔레꽃은 한 낮에 따면 가져오는 동안 시들기 때문에 손질하기가 어렵다. 손질하는 순간까지 싱싱한 꽃을 위해서는 이슬 맺힌 이른 아침에 채취하는 것이 적절하다.

2

흰 찔레 말린 것

3

붉은 찔레 말린 것

찔레잎차

 이 산 저 산 돌아다니다 보면 산길 모퉁이에 어김없이 긴 허리 구부리고 기다리는 찔레나무, 정말 탐스럽게 터져 나오는 새싹들 하나 따서 입으로 가져 가본다. 봄의 달콤함이 입안으로 퍼지는 것을 느낄 수 있다. 포만감과 신선함을 무기로 유혹하고 다가서면 어김없이 찌르는 가시 때문에 찔레라는 이름이 생긴 것은 아닌가 생각한다.

 조금씩 커져 가는 잎을 보노라면 어느새 새 하얗게 온 산이 물들어 가고 이내 꽃잎이 떨어질 때면 시골에 있는 가족이 생각나게 하는 그런 매력 있는 나무다. 가을이면 꽃이 머문 자리에 빨간 열매가 익는데 영실이라 한다. 겨울 눈 덮인 산 속에 빨갛게 머리를 내미는 것이 바로 찔레 열매이다.

만드는 법

1 4월에 채취하여 깨끗이 손질한다.
2 찜기에 1~2분간 찐다.
3 그늘에 펴서 말린 후에 다시 찜기에 찌는 것을 여러 번 반복한다.
4 마무리는 솥에다가 살짝 덖는다.
5 밀폐 용기에 담아 보관하고 사용한다.

해당화차

효능

달고 쓰며 따뜻한 성미이다. 정유, 비타민 등을 함유하여 담즙 분비촉진 작용, 당뇨, 갈증에 효과가 있으며 타박상으로 인한 어혈을 풀어준다.

茶田 생각

　　바닷가를 걷다보면 매혹적으로 다가서는 꽃이 있다. 부드러운 듯 보이나 거칠고 잔가지가 나 있다. 붉은색과 흰색이 있지만 주로 붉은색이다. 장미꽃보다 짙은 향으로 다가서며 성난파도를 안정시키는 마력이 있는 꽃이다. 해당화꽃 구하기가 생각보다 쉽지 않아 고민을 하던 중 지인을 통해 전달을 받았을 때 그 기쁨은 지금도 잊을 수 없다. 막 열었을 때의 향기와 오래도록 머무는 그 향기는 지금도 기억하게 해주는 추억의 문이다. 해당화, 열매는 생열귀라 하고 꽃을 매괴화라 하는데 우리 몸을 건강하게 하는 귀한 것임에는 틀림없다.

만드는 법

1　해당화꽃은 너무 만개하지 않은 것으로 채취한다.
2　열이 닿으면 색과 향이 변하기 쉬우므로 거꾸로 매달아 말리는 것도 좋다.
3　꽃봉오리가 힘들다면 꽃잎과 중심부를 분리하여 말린다.
4　꽃잎을 떼어냈을 경우엔 꽃잎은 그냥 말리되 중심부는 수증기에 쪄서 말리는 것이 좋다.
5　다 마른 후 섞어서 사용한다.

마시는 법

꽃봉오리 하나를 찻잔에 담고 끓는 물을 부어 여러 번 우려내어 마신다.

6월 홍화꽃차

홍화, 당신을 기억해요

못다한 이승사랑 거듭나서 피우나니
가지 끝마다 가시가 되어 핏빛이 되는구나
거 듭 난 사 랑 … 홍 화 꽃 차

홍화꽃차

꽃이 주는 메시지

원하고 바라던 따뜻했던 지난날을 당신과 함께해요.

효능

임산부는 피하고, 남은 꽃을 세안수로 사용하면 얼굴의 트러블을 예방할 수 있다.
월경통, 어혈을 풀어주기 때문에 폭넓은 사랑을 받는 차다.

茶田 생각

맴돌다 맴돌다 머문 곳은 붉은 홍화꽃. 톱니바퀴처럼 가시가 나 있는 자존심 많은 꽃, 풍요와 정열을 꿈꿀 수 있는 꽃이 홍화꽃인 듯 싶다. 홍화꽃은 잇꽃이라 하여 꽃 수술만 알려 사용하기도 하는데, 지금은 통째로 만들어 보려 한다. 홍화꽃 봉오리를 따서 꽃 수술 있는 상단 부분의 꽃받침 3~5개만 남기고 나머지는 양파를 벗기듯 떼어 내는 것이 좋다. 받침을 그대로 넣으면 꽃이 탈색 되는지 뜬내가 나기 때문에 사람 자존심이라 생각될 만큼만 조금 남기고 떼어낸다. 밤 하늘이 아름답게 변하는 6월 홍화꽃차 한 잔 으로 뜨거워지는 날씨를 날려 보내자. 오동통한 꽃! 풍만함과 뜨거움을 한꺼번에 느낄 수 있는 자존심 강한 꽃이 홍화꽃이다.

만드는 법

1 홍화 꽃봉오리를 밑 부분까지 딴다.
2 꽃받침이 가시가 나 있기 때문에 찔리지 않도록 조심하면서 1/3만 남기고 떼어낸다.
3 꽃과 씨방, 꽃받침을 통째로 먹을 수 있어 좋다.
4 수증기에 40초씩 3회 쪄준다.
5 그늘에서 말린다.

마시는 법

200ml 다관에 꽃 한 송이를 넣고 100℃의 물을 부어 우려내어 마신다.

홍화꽃 설명서

논에다 이랑을 만들어 재배한 모습

밭에다가 밀식재배한 모습

채취 시 꽃 밑받침까지 따서 1차 마무리를 하고, 열에 의해 익지 않도록
넓게 펼친다.

5

말린 후에 다듬으면 잎과 가시가 말라 더욱 세지기 때문에 생화일 때 다듬으면 좋다.

6

다듬은 모습

7

좋은 품질의 꽃차를 만들기 위해선 중간, 오른쪽 정도로 개화한 꽃을 이용해야 한다.

7월 일당귀꽃차

일당귀꽃, 다시 만나는 그날

울 엄마의 가슴에서 향기되어 피어나네
지루한 장마 끝에 안개되어 피어나네
어 머 니 의   향 수 … 일 당 귀 꽃 차

일당귀꽃차

꽃이 주는 메시지

감미로운 사랑에 당신을 안습니다.

일당귀꽃 설명서

1. 꽃 : 막 개화되어 안개꽃송이처럼 피었을 때 채취하여 작은 봉오리 하나씩 따서 사용한다. 살짝 쪄서 말려도 되고, 말린 뒤(70% 정도) 쪄서 마무리해도 좋다.

2. 잎 (차와 장아찌) : 새순이 돋았을 때는 녹차를 덖듯이 솥에 넣고 덖고 비비고를 반복하며 만들면 되는데, 지금처럼 여름에 채취한 당귀 잎은 줄기를 뺀 잎만을 손질해서 쪄서 비비는 것이 더 바람직하다.
이때 발생한 줄기는 버리지 말고 장아찌로 사용한다.(약 30일 숙성) 당귀 줄기 분량이 잠길 만큼의 간장과 식초(9:1)만 있으면 끓이지 않아도 단시간에 맛있는 장아찌를 먹을 수 있다. 잎도 하고 싶을 때는 잎과 줄기는 따로 하는 것이 무름 현상을 피할 수 있다.
간장에다 하고 싶지 않을 때는, 소금에다 밑간을 해서 한번 씻은 후에 고추장이나 된장에 넣었다 먹어도 된다.(3개월 이상 숙성)

3. 뿌리 (술) : 얇게 썰어 말려서 끓여 먹는 방법과 쪄서 말려서 끓여 먹는 방법이 있다.. 뿌리는 흙이 많으므로 못 쓰는 솔을 이용하여 꼼꼼히 씻어내야 한다. 물기를 말린 후 용기의 1/4 을 넣고 소주를 부어 그늘에서 6개월간 숙성 시킨다. 이때, 말린 것을 사용할 때는 1/10 정도의 분량에 소주를 붓는 것이 좋다.
당귀는 빈혈 치료에 중요한 약재이며 비타민 B12 와 엽산류가 풍부하게 함유되어 있다. 적혈구의 상태를 개선하는 작용을 가지며 철분 결핍에 의한 빈혈, 혈색소량의 감소, 적혈구의 결핍, 저혈당 등의 환자에 대하여 양호한 효과를 나타낸다.
당귀는 월경 조정에도 좋은 효능을 발휘한다. 월경불순, 배설불량, 월경과다, 월경통, 무기력 등의 증상에 대해서는 당귀를 중심으로 치료하면 좋은 효력이 있다. 당귀는 보혈작용, 어혈을 제거하는 효능도 가진다.
어혈로 인한 복부통증 및 팽만감, 반신불수, 협심증 등에 당귀를 사용하면 관상동맥을 확장하고 혈관의 저항을 감소시켜 혈류의 속도를 가속화 하여 증상치료에 좋은 효과를 줄 수 있다.
*열이 있는 사람은 신중히 사용한다.

<생활한방, 민속약-발췌>

채취 후 1차 손질이 끝난 당귀

1차 손질 후 펼쳐놓은 모습

마무리가 된 당귀

갈무리가 된 일당귀꽃차는 강한 맛이 사그라들어 편안히 마실 수 있다.

생화를 우릴 때 모습은 예쁘지만 많이 마시는 것은 바람직하지 못하다.

일당귀잎차

만드는 법

1 땅바닥에서 손가락 하나 정도 올라왔을 때 밑동을 따서 깨끗이 손질한다,
2 솥이나 밑이 두꺼운 프라이팬에다 덖고 여러번 비벼준다.

Tip

당귀 부리가 있으면 다시 새순이 올라오며, 당귀향을 덖으면 온 집안을 향기로 휘감는다.
집안에 귀한 손님이 왔을 때 어울리는 차이다. 특히 여자 손님에게 더 좋다.

마시는 법

찻잔에 만든 일당귀잎을 넣고 끓는 물을 부어 1~2분간 우려내서 마시고 2~3번 더 우려내도 좋다.

향이 강한 꽃, 이렇게 만드세요

꽃 중에는 향이 강한 것이 있다. 무엇이든지 향이 강하다고 좋은 것은 아니다. 우리 몸에도 좋아하는 향이 있다. 그것은 개인의 기호에 따라 다르게 나타난다.

예를 들어 국화향이 좋다고 그냥 사용하는 사람이 있는가 하면 그저 꽃을 다듬는 것 자체로도 두통을 호소하는 사람도 있다. 그러나 이것은 꽃의 특성이라고 하기보다는 식품의 특성이라고 얘기 하고 싶다.

우리 몸이 거부감 없이 향기 강한 꽃과 함께하기 위해서는 향을 날려 보내는 작업이 필요하다. 첫째는 찌는 방법이다. 물을 끓여 수증기에 약 40초씩 2회~3회 반복해서 찐다. 한 번 찐 후 꺼내서 식힌 후 다시 찐다. 이렇게 횟수를 거듭 할수록 향이 누그러진다. 대신 색은 조금 변한다. 맛은 부드러워져서 누구나 편하게 마실 수 있는 상태가 된다.

둘째는 물에 튀기는 방법이다. 앞서 말했지만 물에 튀긴다는 말은 데치는 것과는 다르다. 끓는 물에 소금 약간(약3%)을 넣고 찬물을(또는 얼음물)준비해 놓는다. 준비된 꽃은 끓는 소금물에 담갔다가 건져내 찬물에 헹군다. 이것을 빨리 하지 않으면 찬물이 다 도망간다. 한번 말려 놓으면 잘 변하지 않고 부드럽게 이용할 수 있다.

셋째는 이슬을 맞춰 말린다. 그러면 찬 이슬에 성질이 누그러진다. 색은 약간 겁게 변하더라도 더 깊은 맛이 난다. 이렇게 향을 누그러뜨리는 방법은 다양하다. 여러분이 원하는 대로 골라서 향을 선택하면 된다.

보관방법

———

만드는 것도 중요하지만 무엇보다도 보관하는 방법이 가장 중요하다. 애쓰고 말리고 찌고 덖으며 몇 날 며칠 공들여 만든 것이 소홀한 관리로 인해 순간적으로 변한다든지, 곰팡이가 핀다든지, 벌레가 일어버린다면 얼마나 허탈할까. 이제부터는 보관을 꼼꼼히 해서 버리는 것 없이 적재적소에 쓰일 수 있게 하자.

꽃차는 습기에 약하므로 한 번 싸서 냉장고에 넣어둔다면 필시 탈취제의 역할을 할 것이다. 힘들여 만든 차로 탈취제라, 그것도 좋겠지만 귀하게 만든 것이니 귀하게 쓰임을 받아야 하지 않을까 한다. 따라서 꽃차를 보관할 시에는 두 번 정도 비닐 팩에 싼 다음 다시 깨끗한 통에 넣어서 냉장이 아닌 냉동에 보관한다. 제일 좋은 것은 전용 냉동 칸이 있으면 더할 나위 없이 좋다.

말린 차야 그렇다 치더라도 설탕이나 꿀에 재워놓은 것은 봄에 3일에서 7일 이내에 냉동 보관을 해야 한다. 냉장에서도 발효가 되기 때문에 반드시 냉동실에 보관한다. 여름에는 1~3일 이내에 냉동실에 보관하고 가을에는 2~5일 이내에 냉동실에 보관한다. 겨울에는 7~15일 이내에 냉동실에 보관한다.

8월   해바라기꽃차

뚱딴지꽃차

해바라기, 당신만 바라보고 있어요

당신을 바라보다 숯덩이가 되었다네
제 발   나를   바라보세요
영원한   사랑 ··· 해바라기꽃차

해바라기꽃차

꽃이 주는 메시지

당신을 사랑합니다. 그리고 존경합니다.

효능

달고 따뜻한 성미이다. 지방유, 인지질 등을 함유하여 혈압강하
작용이 있어서 고혈압으로 인한 두통에 좋다. 어지럼증, 변비에
도 효과가 있다. 여름감기로 열이 나고 오한 들 때에도 좋다.

茶田 생각

당신만을 바라보는 것 같은 해바라기꽃. 하지만 해바라기꽃은 나를 바라보고 있었음을 이제야 알았다. 바라보는 해바라기의 마음을 몰라주었기에 속이 까맣게 변해버린 것이다.

늘 웃고 있다고 생각하고 밝은 모습을 지녔다고 생각했는데, 타들어가는 마음은 어쩔 도리가 없었나보다. 그래도 그 마음 혹여 알아줄까 맛있는 씨앗으로 맺어서 나누어주니 배려 깊은 해바라기꽃을 사랑하지 않을 수가 없다. 이제부터는 한 쪽만 바라보는 것이 아니라 서로 바라보는 그런 사랑을 하고 싶다.

만드는 법 I

1 해바라기꽃은 꽃봉오리로 따서 벌레나 잡티를 잘 손질한다.
2 수증기에 찌는데 해바라기꽃은 꽃중심이 두껍고 스펀지처럼 수분이 많아서 짧게 여러 번 쪄주는 것이 좋다.
3 한 번에 약 20초 내외로 3~5회 정도 쪄준다.
4 이 때 색은 노랑에서 진노랑으로 바뀌고 해바라기 중심부분도 색이 진하게 바뀐다.
5 바닥과 띄워서 공중에 매달아 말리면 좋다.
6 다 마르면 반드시 냉동 보관해야 한다.

마시는 법 I

꽃봉오리 하나를 큰 다관 또는 연지에 넣고 끓는 물을 부어 우려내어 마신다. 조금 진하게 우린 뒤에 얼음을 채워 차갑게 마셔도 좋다.

만드는 법 II

1   꽃봉오리가 클 경우 꽃잎과 꽃중심부분을 따로 분리해서 손질한다.
2   노란 꽃잎은 수증기에 15초 내외로 2~3번 쪄서 말리고 꽃 중심부는 잘게 썰어서 수증기에 같은 방법으로 쪄서 말린다.
3   다 말린 꽃은 밀폐용기에 담아 냉동 보관한다.

마시는 법 II

꽃잎과 중심부 말린 것을 적당하게 섞어 찻잔에 넣고 끓는 물을 부어 우려내어 마신다.

해바라기꽃 설명서

해바라기 재배 모습

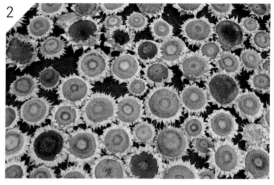

만개한 해바라기는 꽃잎과 중심을 분리하여
이용한다.

하나씩 겹치지 않도록 펼친다.

바람구멍을 주면서 펼친다.

다 마른 해바라기는 꽃끼리 부딪히지 않을 만큼 크기
가 충분한 용기에 담아 보관한다.

뚱딴지꽃차

茶田 생각

가을바람이 불기 시작하면 허리를 부여잡고 노란꽃을 피어내는 꽃. 왜 뚱딴지란 이름이 붙여졌을까를 생각해봐도 좀처럼 이해가 되지 않는다. 국우란 이름도, 돼지감자의 꽃이란 것도 이해가 되질 않는다. 구황식물인 돼지감자(뚱딴지의 덩이뿌리)는 우리가 흔히 먹던 감자와 다르게 돼지의 주식이었다. 예전과는 달리 지금은 당뇨와 성인병 예방에 좋다고 해서 사람이 먹고 있다. 뚱딴지라는 이름은 울퉁불퉁 모습때문에 생겼는지도 모르겠다. 해바라기처럼 생겼지만 다르고 루드베키아인 것 같으면서도 다르다. 하늘을 받치고 피어난 듯이 꽃잎이 하늘을 떠받고 있는 듯하다.

만드는 법

1 뚱딴지꽃은 채취한 후 벌레를 제거하는 작업이 필요하다.

2 꽃봉오리째 만드는 것이 좋으므로 가위나 손을 이용하여 꽃 밑받침 부분까지 꽃을 정리한다.

3 수증기에 쪄서 말리는데 조금 오래 두면 꽃심이 까맣게 변한다. 20초씩 나눠서 3회 정도 찐다.

4 얇게 펴서 통풍이 잘 되는 그늘에서 말린 후, 밀폐용기에 보관하여 사용한다.

마시는 법

찻잔에 꽃봉오리 2~3개를 넣고 끓는 물을 붓고 1분 정도 우려 마신다. 여러 번 우려 마신다.

찻잔에 펼쳐진
그림을 보며

첫 번째는 나의 마음을 펼쳐 보일 것이고.

두 번째는 그대의 마음을 받을 것임에.

세 번째는 기다리는 발걸음에 눈길을 보낸다.

네 번째는 반짝이는 눈망울에 뜨거움이 흘러내리고

다섯 번째는 가슴으로 저며오는 사랑에 행복해한다.

다전 송희자

9월 구절초꽃차

구절초, 순수한마음으로

산기슭 청초하게 가을을 담아서
있는 듯 없는 듯 고고하게 피어있네
어머니의 마음…구절초꽃차

구절초꽃차

꽃이 주는 메시지

어머니의 사랑처럼 무한히 내어주는 구절초의 향기

효능

풍병, 부인냉증, 위장병, 생리통, 소화불량을 개선하며 민방에서는 환약이나
엿을 고아서 장복하면 생리가 고르게 되고 임신을 돕는 것으로 알려져 있다.
성미가 쓰고 따뜻하기 때문에 가을에 마시기 좋은 차이다.

茶田 생각

꽃이 좋아 이산 저산을 기웃거리던 어느 날, 산을 오르려고 마을 입구에서 벗어나는 집 옆에 대나무로 얼기설기 세워놓은 울타리 너머로 하얀 우유 빛깔로 흔들리고 있는 꽃이 있었다. 가을 서리인 듯 눈을 비비고 다시 보니 수줍은 미소로 인사하는 구절초꽃이었다. 시골 아낙이나 우리 어머니의 감추어진 속살을 들여다보듯 뽀얀 모습이 눈길을 멈추게 했다. 그 이후로 구절초의 매력에 빠져 산구절초, 바위 구절초, 가는잎 구절초, 한라구절초 등 구절초꽃을 보고자 발품을 팔기 시작했던 것 같다. 그렇다면 늘 가을바람이 일기 시작하면 고개 들어 인사하는 구절초꽃을 차로 만들어보자.

만드는 법

1 채취한 구절초꽃을 수증기에 약 15~20초 정도 쪄주는데 식힌 후에 다시 2~3회 반복해 쪄주는 것이 좋다.

> Tip 그냥 말릴 수 있으면 더 좋지만 중심부가 까맣게 변하는 경우가 많기 때문에 온도의 변화가 없는 방바닥이나 전기매트에 3일 정도 말린 후, 수증기에 약 15초 전후로 한 번 쪄준다.

2 잔여 수분을 완전히 건조한 후 병립하여 보관한다.

마시는 법

구절초는 많은 양을 오랜 시간 우리면 쓴맛이 강하여 마실 수가 없다. 국화의 반 정도의 양으로 바로 우려내어 마시는 것이 좋다. 2~3송이 넣고 끓는 물을 200ml 부어 2분정도 우려내어 마신다.

구절초꽃 설명서

1   당일 개화한 구절초가 적당하고 또한 제일 맛이 좋다.
2   구절초꽃은 꽃봉오리를 따서 만드는데 너무 덜 핀 봉오리는 쉽게 갈변하므로 2/3 이상 핀 것이 좋다.

3

⅓이 개회된 꽃은 찻잔에서 펼쳐지는 것도 덜 예쁘다.

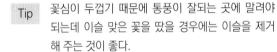

Tip   꽃심이 두껍기 때문에 통풍이 잘되는 곳에 말려야
되는데 이슬 맞은 꽃을 땄을 경우에는 이슬을 제거
해 주는 것이 좋다.

4

정상적인 구절초꽃

5

채취 후 관리 부주의로 속 안이 익어버린 상태에서
말린 것

6

비가 온 후 빗물을 머금은 상태에서 말린 것

꽃의 맛에 따른 효과

① **매운맛(박하, 향유)** : 체열을 상승시키면서 오한과 함께 오는 열을 내리며 혈액 순환 개선,
　　　　　　　　　　기를 원활하게 하며 혈압 상승효과가 있으며 기분전환, 스트레스 완화
　　　　　　　　　　효과가 있다.

② **단맛(골담초, 아카시)** : 보약작용과 해독, 지통 등의 효과가 있다.

③ **신맛(오미자, 산수유, 탱자)** : 수렴성이 강하고 수축력이 있어 지사, 지혈 효과가 있다.

④ **짠맛(망초)** : 기운을 내리며 신장 기능을 강화시키며 단단한 덩어리를 풀어준다.

⑤ **담백한맛(아카시아)** : 이뇨작용이 있어 부종을 없앤다.

10월   맨드라미꽃차

맨드라미, 나는 늘 여기있어요

산허리 돌아가며 붉은 노을 만드는 꽃
심장의 중심을 가을 하늘에 매다는구나
붉은 심장 … 맨 드 라 미 꽃 차

맨드라미꽃차

꽃이 주는 메시지

순수한 마음을 교향곡으로 만들어 당신에게 드립니다.

효능

서늘한 성미이다. 지혈작용이 있어 치질로 인한 출혈, 대변 출혈, 소변 출혈, 자궁 출혈, 토혈이 있는 사람이 차로 마시면 좋다. 또한 기침 할 때에 가래에 피가 섞여 나오는 것을 치료하고 이질과 부인의 대하증에 쓰인다. 안토시아닌 색소도 다량 함유하고 있어서 면역력 향상 효과도 있으며 각막염, 타박상 어혈을 푸는 데, 시력증강 등에 효험이 있다고 알려져 있다.

만드는 법

맨드라미를 채취한다.

익어버리거나 불량한 것은 차로 만들 수 없으므로 채취 후 우선적으로 선별작업을 한다.

꽃씨방이 올라오지 않은 부분까지만 사용해야 하므로 꽃의 윗부분만 잘라낸다.

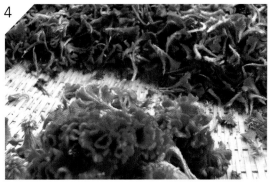

2~3mm로 잘게 찢으면서 사이사이에 있는 거미줄이나 벌레를 깨끗이 손질한다.

5 채반에 얇게 펴서 말린다.
6 바닥이 두꺼운 번철(또는 프라이팬)에 살짝 덖는다.
7 비비지는 말고 열십자로 모아주듯 덖어주면 부서지지 않고 좋다.
8 밀폐용기에 넣어 보관한다.

맨드라미꽃 설명서

1. 다양한 종류의 맨드라미

1) 아미고 맨드라미

교배종은 찻물이 잘 우러나지 않기 때문에 꽃차의 원재료로 적합하지 않다.

2) 촛불형 맨드라미

촛불형 맨드라미는 화단용으로 개량된 품종으로, 손쉽게 재배가 가능하고 찻물이 잘 우러나오므로 꽃차의 재료로 적합하다.

손질한 모습

교육용 교재로 건조하는 모습

2. 맨드라미 재배

1) 계관 맨드라미 밭 재배

계관 맨드라미의 씨앗을 발아시켜 밭에 정식시킨 것

2) 재배 시 주의사항

1

사진과 같은 변종이 발생할 수 있다.

2

직파한 맨드라미는 병충해에 취약하다.

3) 맨드라미 종자

마시는 법

계관 맨드라미는 붉은색의 찻물이고 촛불 맨드라미
는 다홍색의 찻물이 나온다. 찻잔에 맨드라미 꽃차
1g을 넣고 끓는 물을 부어 1분 정도 우리면 붉은 색
의 차를 얻을 수 있다.

색을 보존하는 방법

———

간혹 꽃차를 만들다 보면 꽃의 형태나 색이 아름답지 못하다고 속상해할 때가 있다. 그것은 꽃의 성질을 잘 몰라 발생할 수 있는 현상이다. 이렇게 만들어 보면 어떨까?

제일 좋은 방법은 먼저 방바닥에 신문을 조금 두껍게 깔고 그 위에 한지를 하나를 펴주는 것이다. 그 위에 꽃을 얇게 펼쳐서 말리는데 온도가 차가우면 안 된다. 보일러를 켜서 방바닥을 따뜻하게 하고 위의 공기는 시원하고 통풍이 잘되게 해주면 가장 예쁜 꽃을 얻을 수 있다.

두 번째로는 보일러를 켜지 않고 전자레인지를 먼저 사용하는 방법을 택해야 하는 경우이다. 예를 들면 복숭아꽃(도화자)을 전자레인지에 2분씩 약2~3회 반복해서 돌린다. 이때 한 번 돌리고 반드시 꺼내서 식힌 다음 다시 넣어 반복한다. 약 3회 후 실내에서 말리는 것이 가장 예쁘다.

마지막으로 시들시들 말렸다가 수증기에 찌는 방법이다. 예를 들어 찔레꽃은 진딧물이 유난히 많다. 거기다가 꽃심이 두꺼워 처음부터 찌면 꽃이 부스러지거나 꽃잎의 색이 변할 수가 있다. 그렇기에 약 3~4시간 얇게 펴서 반그늘에 놓아두면 진딧물도 나가고 꽃도 수분이 일정 부분 날아간다. 이때 수증기에 찌는 것이 좋다. 이렇듯 여러 방법 중에 제일 마음에 드는 것을 골라 경험해보자.

11월 국화차

과꽃차

국화, 내모든걸 그대에게

차 가 운 아 침 이 슬 머 금 은 채
향 기 가 되 어 그 림 이 되 어 피 는 구 나
가 을 하 늘 … 국 화 차

국화꽃차

꽃이 주는 메시지

세상 모든 고귀함을 모두 담아 당신께 드립니다.

만드는 법

1   국화는 꽃봉오리를 따서 흐르는 물에 씻어 물기를 닦는다.

2   그늘에서 70% 정도 마르면 수증기에서 약 40초 내외로 2~3회 쪄준다.

> Tip   처음부터 쪄서 말려도 되나 중심부가 까맣게 되는 현상이 많이 일어난다.
> 온도의 변화 때문인데, 말린 후 쪄주면 이런 색 바램 현상은 없다.

3   끓는 물속에 소금 약간을 넣어 끓여 그 수증기로 찐다.

국화꽃 설명서

직접 재배 시 이랑과 이랑 사이사이 45~60cm 정도 간격을 맞추는 것이 효과적이며, 이랑에는 친환경으로 볏짚을 까는 경우도 있고 검정 멀칭 비닐을 사용하는 경우도 있다.

수확하여 펼쳐놓은 국화

건조하여 수증기로 찐 국화

마시는 법

첫 번째 보다 두 번째 세 번째 우려 마시는 것이 더 맛있다.

국화를 활용한 음식

국화는 종류에 따라 쓰임새가 다르다. 예로부터 국화 가운데 감국(소국, 동국, 금국 등)은 차 용도로, 야생국화(산국)는 향이 강하고 약성도 강하여 약용으로 쓰여 왔다. 대국은 식용으로 쓰였는데, 대국의 꽃잎을 찬물에 2시간 이상 담가 두었다가 전이나 튀김에 사용했다. 이들을 각각 야국(野菊), 감국(甘菊), 황국(黃菊)이라고도 한다.

국화는 흰색, 노란색, 기타 여러 가지 색을 다 사용은 할 수 있다. 단지 차로 만들거나 음식을 했을 때 가장 예쁜 것이 흰색 또는 노란색이라 주로 많이 쓰였다.

모든 국화가 다 식용으로 적합한 것이 아니므로 길에서 흔히 볼 수 있는 들국화들은 독성이 강해 잘 정제되지 아니한 것은 차로 마시기에 적합하지 않다.

국화주 (재료_국화 말린 것)

1 차 용도를 쓰이는 마른 국화로 술을 담글 때는 용기의 1/10을 넘겨서는 안 된다.
2 용기를 소독하고 마른 꽃 1/10을 넣고 소주를 부어 밀봉한다.
3 15일 후에 한 번 위아래를 흔들어 준다.
4 3개월 후면 마실 수 있다.

    Tip   바로 해서 마실 수는 있으나 숙성시켜 마시는 것이 좋다.

국화꿀탕 (재료_야생국화, 꿀)

1 야생국화를 꽃봉오리로 따서 흐르는 물에 살짝 씻어 물기를 닦는다.
2 용기에 야생국화를 넣고 동량의 꿀을 넣어 약 보름정도(15일) 숙성 시킨다.

국화절편 (재료_멥쌀 500g, 소금 4g, 물 150g, 국화꽃잎 20g(말린 것))

1 쌀가루에 물을 넣고 고운 체에 내린다.
2 시루에 넣고 20분간 찐다.
3 작은 절구에 넣고 부드러워 질 때까지 친다.
4 떡 덩어리를 조금씩 떼어 동그랗게 만들어 쪽가위로 돌려가며 칼집을 낸다.

국화꽃밥 (재료_쌀 2컵, 국화꽃잎(말린 것) 20g, 소금 1작은술, 녹차잎 5g)

1 국화꽃은 꽃잎만 떼어낸 후 흐르는 물에 한 번 씻는다.
2 솥에 소금을 넣고 밥을 짓는데 국화꽃잎과 녹차 잎은 뜸을 들일 때 넣는다.

> Tip 처음부터 꽃을 넣으면 너무 무르는 경우가 있다. 개인 기호에 따라 처음부터
> 넣어 밥을 지어도 무방하다.

국화전 (재료_찹쌀가루 2컵, 소금 1/4작은술, 소주 2큰술, 끓는물 5큰술, 국화잎 5송이, 대추 2개, 꿀 또는 설탕시럽 1/3컵, 식용유)

1 찹쌀가루에 술과 끓는물, 소금을 넣고 반죽하여 직경 5cm 정도로 동그랗게 빚는다.

   (반죽= 물 7큰술 : 소주 3큰술)

2 국화꽃은 꽃잎만 따서 찬물에 5시간 정도 담가놓는다.

3 대추는 돌려 깎아 채썰어 놓는다.

4 번철에 기름을 두르고 빚어놓은 반죽을 놓고 누르면서 지진다.

   뒤집어 익은 부분에 국화꽃과 대추로 고명을 얹는다.

5 완성된 국화전 위에 설탕이나 시럽을 발라낸다.

6 반죽은 익반죽으로 많이 주물러야 곱다.

국화 컵케익 (재료_계란 350g, 설탕 300g, 중력분밀가루 250g, 베이킹파우더 2.5g, 소라 1.5g, 소금 4g, 국화꽃잎 50g)

1 계란에 설탕과 소금을 넣어 7~8분 정도 덖는다.

2 밀가루, 베이킹파우더, 소다를 체에 내린다.

3 1에 2, 그리고 국화꽃잎을 넣고 가볍게 섞어 케익컵에 담는다.

4 찜통에 미리 물을 넣고 끓인 후 3을 넣고 약한 불로 20~25분 정도 찐다.

국화쿠키 (재료_밀가루(중력분) 500g, 설탕 750g, 버터 450g, 계란 200g, 아몬드 분말 200g, 베이킹파우더 5g, 소다 5g, 국화꽃 20g)

1 설탕과 버터를 혼합한다.

2 1에 계란을 서서히 넣으면서 잘 섞는다.

3 밀가루와 아몬드분말, 베이킹파우더, 소다를 함께 섞어 체로 친다.

4 3에 국화꽃잎을 넣고 손으로 잘 섞는다.

5 4와 2를 혼합한 반죽을 300~350g 정도로 나누어 밀어 종이에 싸서 냉동고에 보관한다.

6 12시간 정도 경과 후 0.5~0.6cm 두께로 잘라 철판에 놓고 계란 노른자를 붓으로 바른다.

7 오븐에서 구울 때 윗불은 180℃, 밑불은 150℃로 맞추고 10~15분 정도 굽는다.

국화나물

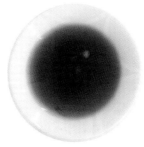

홍차수레국화차

국화설기

과꽃차

효능

쓰고 차가운 성미이다. 간기능 장애로 인한 안구충혈에 효과가 있다

茶田 생각

올해로 과꽃이 피었습니다. 어렸을 적 부르던 노래는 잊혀진 노래가 되어가고 있습니다. 우리누나 가을 미소 같은 꽃... 하나 가득 된 꽃밭에서 행복해 하던 모습이 바로 제 모습 같아 과꽃을 보면 행복합니다. 과꽃은 보라색, 붉은색, 분홍색, 흰색 등 다양한 색이 있고 또한 겹으로 핀 것은 더 예쁩니다. 시골집 마당을 내 가슴에 옮겨 놓은 듯 정겨운 꽃입니다. 국화보다 조금 먼저 피어 가을을 말리고 가는 꽃이기도 합니다. 그래서 과꽃을 더 좋아하는 지도 모릅니다. 국화과의 한해살이풀, 취국이라 불립니다.

만드는 법

1   과꽃차를 만들려면 꽃봉오리만 딴다.

    Tip   꽃잎만 떼어내어 부침이나 화전에도 사용한다.

2   처음부터 찌면 중심부가 까맣게 변할 수 있으므로 통풍이
    잘 되는 곳에다가 거꾸로 매달아 말려도 잘 마른다.

    Tip   너무 마르면 먼지처럼 날릴 수 있으므로 건조기나 전자레인지
          를 이용하여 습기제거를 완벽하게 하지 않아야 한다. 적당한 수
          분함량은 꽃의 원형을 잡아주고 보존하므로 주의와 관심이 필
          요하다.

3   다 말린 다음 밑부분을 깨끗이 손질한다.
4   수증기에 살짝(약 15초 내외) 쪄주기를 2~3회 한다.
5   밀폐용기에 담아 보관하고 사용한다.

마시는 법

홑꽃 보다는 겹꽃이 맛이 더 담백하고 단맛이 많고 부드럽다.
꽃봉오리 1개를 찻잔에 넣고 끓는 물을 부어 우려내어 마시는
데 바로 우려내지 않으면 쓴맛이 많이 빠져나와 마시기 불편할
수도 있다. 5회 정도 우려 마시면 좋다.

꽃은 독의 집합체이며
영양의 결정체

———

예로부터 잎이나 열매는 손쉽게 다가설 수 있어서 많이 이용되었다. 독이 올라오지 않는 새순(잎)이나 우리 몸에 이롭도록 독이 완화된 열매는 부드럽게 식용될 수 있었기 때문이다. 반면 꽃은 스스로를 보호하고 방어하며 번식하는 본능을 가졌고 고유의 독이 있기 때문에 지금까지 꽃에 대한 이용 방법은 폭 넓지 못하다.

그렇다고 해서 그 독이 우리 몸에서 다 해로운 것일까? 물론 생시을 한다면 치명적인 경우도 있다. 예를 들면 제주도에서 여름에 많이 피는 유도화(협죽도)를 생각해보자. 잘 모르고 이 꽃을 따 먹었다고 하면 어떨까? 물론 이 꽃을 생으로 하나 둘 따먹었다고 금방 사지마비가 뒤틀리고 죽지는 않지만 경우에 따라서는 혓바늘이 돋고 목이 조금 뻣뻣하다는 느낌을 받을 수도 있다.

흔히 책이나 관련 자료를 보다 보면 강심작용이라고 쓰여진 식물이 있다. 본래 강심작용이란 대부분 심장의 수축과 확장 기능을 증진시키는 것을 뜻한다. 다만 다량 복용하였을 때는 심장 박동이 정지되어 사망에 이를 수 있다. 이러한 꽃들은 반드시 전문의의 안내에 따라서 섭취하거나 경우에 따라 식용을 삼가 해야 한다. 예를 들면 팥꽃나무, 은방울꽃, 복수초꽃, 할미꽃, 자주괴불주머니꽃, 산괴불주머니꽃 등이 있다.

임산부나 알레르기 반응이 있는 사람이라면 옻나무 꽃은 가급적 피해야 한다. 섭취 시 몸 속에서 순환되어 나올 때까지의 고통도 있거니와 임산부의 경우 태아에게까지 영향을 미칠 수 있기 때문이다.

또한 어혈을 풀어주는 꽃들인 능소화, 홍화, 복숭아꽃(도화)등은 임산부가 주의를 요하는 꽃이다. 막 자리를 잡아 덩어리가 되는 순간에 다량 복용을 한다면 풀어주는 역할을 하기 때문에 유산을 유발할 수도 있기 때문에 한잔의 차로 마시는 것은 괜찮지만 진하게 다량 복용할 때에는 주의해야 한다. 한국사람의 심리에는 좋다고 하면 많이 먹고 마시고 좋은 것 같으면 진하게 많이 먹는 성향이 있기 때문에 노파심에서 드리는 주의사항이라고 생각하면 좋겠다.

꽃가루가 우리 인체에 바로 닿았을 때 미치는 영향도 있다. 능소화나 무궁화 꽃가루는 피어 있을 때 손으로 만지고 눈을 비비면 가벼운 염증에서 경우에 따라서는 실명을 할 수 있을 정도의 독을 가지고 있다. 하지만 본초강목이나 생약도감에서조차 독을 지니고 있으니 주의바람이란 글귀를 찾아볼 수 없다. 다시 말해 먹는 방법에 따라 생으로 몸에 닿는 것과 열처리나 가공을 통해 입으로 섭취하는 것은 다르다는 것을 기본으로 하고, 능소화나 무궁화 꽃도 생꽃가루는 우리 몸에 해가 될 수 있지만 쪄서 말리고 다시 탕이나 차나 음식으로 이용하면 몸에 이로운 약으로 식품으로 흡수될 수 있음을 기억하자.

이렇듯 꽃 속에 잠재되어 있는 독을 어떻게 바꾸어 우리 몸에 이로운 영양덩어리로 섭취할 것인가가 우리에게 주어진 숙제이다. 때로는 생화로, 익히거나 말려서, 다시 열을 가하고 마시는 등 여러 가지의 먹는 방법으로 꽃을 이용해야 한다. 이를 위해선 무엇보다도 먼저 꽃의 성질을 알아야 한다. 즉 꽃의 개화 시기, 꽃잎의 두께와 넓이, 꽃 심의 두께, 향의 깊이 등의 기본적인 꽃의 성질에 대해 세심하게 관찰해 정성·정량 지표로 정리하고, 안전하게 제조·가공할 수 있는 방법을 다양하게 구상해야 할 필요가 있다.

간혹 익혀서 먹어야 될 꽃을 TV나 언론매체를 통하여 생화로 먹는 장면을 볼 수 있다. 물론 그것이 잘못되었다는 것은 아니다. 예컨대 어떤 이는 감자를 생으로 갈아서 먹기도 하지만 대부분의 사람은 소화를 시키기 위해 익혀서 먹는다. 논에서 벼이삭을 그냥 먹는 이는 거의 없다. 하물며 쥐도 겉 껍질을 까고 먹지 않는가? 새들이 그냥 먹는다 하지만 모이 주머니에서 다 걸러내야 비로소 흡수가 된다. 벼를 수확하여 말린 뒤에 다시 도정(겉껍질을 까는 것)을 해야만 우리가 밥을 지을 수 있는 쌀이 주어진다.

첫 번째 도정을 한 쌀을 가열하지 않고 먹는 생식의 경우 쌀을 단물이 날 때까지 오래 씹는데, 비슷하게나마 꽃을 그냥 먹는 것이 아니라 말렸다가 꼭꼭 씹어 단물이 나올 때까지 먹어본 적이 있는가? 침으로 꽃을 다시 부활시켜 그 성분이 하나가 될 때까지 말이다. 그러나 이 경우 또한 다 먹을 수 있다고는 할 수 없다. 가공 방법에 있어서 차이가 있기 때문이다. 말려서 쓸 수 있는 것이 있는가 하면 말렸다 할지라도 반드시 열처리를 해서 먹어야 하는 것이 있다. 잘 모른다면 종양에 좋다거나 심장에 좋다 하여 모든 음식을 마구 섭취하는 것은 삼가야 하는 것처럼 꽃도 몇 가지를 제외하고는 함부로 생화를 쓰는 것은 피하고 먹는 법을 제대로 숙지한 후에 각각의 성질에 맞게 말려두었다가 또는 절여두었다가 사용하는 것이 바람직하다.

생화로 먹을 수 있는 꽃은 제비꽃, 골랑초, 아카시꽃, 박태기꽃, 금낭화, 등나무꽃, 탱자꽃, 고추나무꽃, 한련화, 칡꽃, 진달래, 국화 등이다. 이들은 생화로 쓸 수는 있으나 가급적 살짝 열을 가해서 쓰는 것이 좋다.

꽃에는 독이 많이 응집되어 있기 때문에 안타깝게도 예전이고 지금이고 꽃을 다루는 사람이 많이 없으며 때문에 좋은 자료집도 많지 않다. 그러나 꽃이란 그 성질을 세심히 연구하여 적절한 방법으로 적당한 때에 사용하는 법을 안다면 얼마든지 우리의 몸과 마음을 건강하게 해주는 데 쓸 수 있다. 따라서 꽃이 가진 독이란 각 꽃의 성질을 무시하고 쓸 때에 우리 몸에 해가 될 수 있는 것일 뿐 사람에게 득이 되게 쓰여질 수 있는 방법이 분명히 있다는 사실을 명심하고 꽃을 대하길 바란다.

12월 백화꽃차

백화, 꿈속의 사랑

사 랑 이   사 랑 을   낳 고
사 랑 이   사 랑 을   키 우 고
백화의 사랑은 심장에 피는 꽃이구나!
사 랑 과   화 합 의   차 … 백 화 차

백화꽃차

꽃이 주는 메시지

하나된 사랑

효능

백화차는 각종 비타민과 미네랄, 단백질이 풍부하여 면역력을 증장시켜 감기 등의 질병으로부터 예방할 수 있게 한다.

Tip

꽃술(막걸리,담금주)이나 꽃식초의 재료로 인기가 많은 꽃차이다.

茶田 생각

한 해를 마무리하며 다음 해를 기약하는 특별한 자리에
화합과 사랑을 포함하고 있는 백화차를 우린다.
따뜻한 향이 피어오르는 시간을 맞이하며
감사와 미소의 행복을 느낄 수 있다.
꽃차 한 잔이 나눌 수 있고 누릴 수 있는 최고의 순간을 선물한다.

12달을 담은 혼합차의 백미, 꽃차의 하이라이트

　온갖 꽃의 조화와 연출이 하나로 탄생하는 차가 백화차이다. 봄, 여름, 가을, 겨울이 들어가 있는 모든 색과 맛의 조화를 만들어낼 수 있는 마법의 차이기도 하다. 백 사람의 손길에서 백 번 이상의 갈무리를 통하여 찌고 말리고 덖은 꽃들을 일정한 비율로 혼합하여 그 혼합한 차를 다시 약 6개월 정도 숙성시킨다. 이 꽃의 향이 저 꽃으로, 저 꽃의 향이 이 꽃으로 전해져 맛과 향과 색이 어우러져 서로 다른 꽃잎이 찻잔에 들어가더라도 균일한 맛과 향과 색을 낸다는 것이 백화차의 매력이다.

　이러한 백화차는 봄에는 수선화, 매화, 동백, 벚꽃, 개나리 등으로 시작해서 여름꽃인 장미, 아카시, 수국, 고추나무꽃, 등꽃, 홍화를 지나 가을에 국화와 구절초 그리고 겨울의 꽃 차꽃까지 혼합되어 완성되며 국내외의 귀한 자리에서 찬사를 받는 꽃차중의 백미이다.

　한 해를 마무리 하면서 가족간의 화합과 사랑, 연인들의 사랑, 직장 동료와의 따뜻한 나눔 등을 생각하며 백화차 한 잔 마시면 좋을 듯싶다.

백화 볶음밥 (재료_호박 1/5개, 양파 1/4개, 새송이버섯 1/4, 동백유 1½큰술, 소금, 후춧가루 약간씩)

1   채소를 깨끗이 씻어 사방 3mm크기로 잘게 썬다.

2   백화 말린 것을 뜨거운 물에 담가놓는다.(약 5분)

3   호박, 버섯, 양파는 잘게 썰어 팬에 기름을 두르고 각각 볶는다.

4   팬에 기름을 두르고 밥을 볶다가 볶아놓은 채소를 넣고, 마지막에 물기를 꼭 짠 백화를 넣어 볶는다.

5   소금과 후추로 마무리하여 그릇에 담아낸다.

꽃을 설탕이나 꿀에 재웠을 때 주의할 점

반드시 설탕 먼저!

옛날에는 약으로 쓰기 위해 꽃이 바로 녹을 수 있는 꿀에 재웠다. 꽃잎이 녹으면서 약성이 꿀에다 녹아 들게 만들기 위해서였다. 하지만 요즘은 보는 즐거움을 위해 형태를 보전할 수 있도록 설탕으로 꽃잎의 숨을 죽이고, 그 위에 꿀을 덧입히는 방법을 주로 택한다. 이는 김치를 할 때 배추는 절이는 방법과 같다. 소금으로 배추의 숨을 죽인 뒤 씻어서 양념을 하듯, 꽃도 설탕으로 숨을 죽인 뒤에 꿀을 덧입히는 것이다. 차이점이라면 꽃을 설탕으로 숨을 죽일 때는 계절, 온도, 날씨 등을 고려해야 한다.

	봄	여름	가을	겨울
온도	15℃~20℃	25℃~30℃	17℃~24℃	-5℃~10℃
맑은 날	2~3일	1일	3~5일	5~10일
비 또는 눈	3~4일	1~2일	5~7일	10~15일

이렇듯 설탕과 꿀의 비율은 1:1에서 6:4정도, 약용으로 사용하는 것이 아닐 땐 꿀이 50%를 넘기지 않도록 한다. 가장 바람직한 꿀의 함량은 30%가 적당한데, 잡꿀이나 밤꿀, 한봉보다는 맑은 꿀이 좋다. 설탕이나 꿀에 재워 단맛이 나는 것이 싫다면 끓는 물을 부어 바로 버리고 두 번째부터 우려내어 마시면 말렸을 때처럼 담백한 맛을 볼 수 있다.

꽃의 식용

　'꽃차'를 처음 대한민국에 알리고 감히 이 땅에 '우리의 것'을 정착시키는데 한몫 했노라고 이야기하고 싶을 만큼 오랜 시간 꽃차에 열정을 쏟아왔다. 처음에는 호기심과 현실적인 고충을 털어보고자 하나 둘 시작한 일이 해가 거듭될수록 많은 기록으로 남았고, 이것이 다시금 동기부여가 되어 또 다른 새로움을 발견하는 계기가 되었던 것 같다.

　어느 날 '꽃, 과연 먹을 수 있을까?'라는 의문과 호기심이 생겼다. 처음에는 가벼운 접근이었기에 '꽃은 다 먹을 수 있다'고 정의하며 간단하게 설명했다. 지금 생각해보면 후회스럽게도 바로 이 얕은 접근이 모르는 사람들에게 모든 꽃을 생화로 먹을 수 있다고 인식하게 만든 계기가 되었던 것 같다. 또한 실제로 대부분의 꽃은 조리와 가공을 거쳐 먹거나 이용할 수 있기 때문이다.

　다만 기억해야 하는 점은 꽃도 하나의 '식품'으로 바라봐야 한다는 것이다. 예컨대 우리가 흔히 식품이라고 하는 쌀이나 감자는 물론 이를 생식하는 일부분의 사람이 있지만, 그들을 제외한 대부분의 사람들은 쌀은 밥으로, 감자는 익혀서 섭취를 한다. 이처럼 보편적으로 조리를 거치는 이유는 몸에 흡수를 돕고 독소를 제거할 수 있기 때문이다. 꽃도 이와 마찬가지의 관점에서 대할 필요가 있다.

　물론 생화로 먹을 수 있는 꽃(아카시꽃, 박태기꽃, 제비꽃, 등나무꽃, 유채꽃, 배추꽃, 탱자꽃, 칡꽃, 골담초꽃 등)이 있다. 이러한 꽃들을 주로 샐러드나 꽃 어름, 웃기 꽃 등 기타 연출을 꾀할 때 용이하게 쓸 수 있다. 꽃심이 두꺼운 한련화, 국화, 민들레, 동백, 장미 등은 꽃심에 쓴 맛이 많아 주로 꽃잎만 떼어내어 주로 화전이나 화채에 사용한다. 이러한 꽃을 제외하고는 대부분 1차 건조를 해두었다가 다시 우려내서 사용하는 것이 좋다.

　이렇듯 꽃을 식용으로 대하기 위해선 우선적으로 꽃에 대한 이해를 갖고 어떻게 먹는 것이 이로운지를 명심해두는 것이 좋다. 주위에 잘 아는 지인이 감자를 생으로 갈아먹으니 좋다더라, 옻은 위에 좋다 등의 조언을 해도 잘 알지 못하고 섭취할 시 탈이 나는 경우가 많다. 이것은 식품 각각의 고유한 성질이 있으며 조리하고 가공하는 방법도 모두 각기 다르기 때문이다. 꽃 또한 장점만 보는 것이 아니라 주의사항도 잘 보고 대할 수 있기를 바란다. 나아가 단지 어디에 좋다고 해서 꽃을 찾는 것이 아니라, 꽃차와 꽃음식이 자연스럽게 우리 식문화 가운데 하나가 되어 어느 날 모두가 커피나 녹차처럼 꽃차를 마시고, 보다 향기로운 식탁에 둘러 앉아 삶을 즐길 수 있기를 바란다.